# TABLES

## DE LOGARITMES

POUR

# INSTRUCTION

## POUR

## LE SERVICE ET LES MANOEUVRES

### DE

# L'INFANTERIE LÉGÈRE

## EN CAMPAGNE.

# INSTRUCTION

## POUR

## LE SERVICE ET LES MANOEUVRES

### DE

# L'INFANTERIE LÉGERE

## EN CAMPAGNE;

Par GUYARD, COLONEL DU CI-DEVANT
PREMIER RÉGIMENT D'HUSSARDS A PIED.

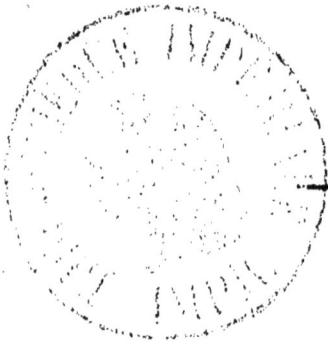

## A PARIS,

Chez MAGIMEL, Libraire pour l'Art militaire,
quai des Augustins, n.º 73.

AN XIII.

# INTRODUCTION.

~~~~~~~

L'utilité de l'infanterie légère avait été reconnue par le conseil de la guerre en 1780, sans cependant qu'il ait pensé à donner aux corps de chasseurs qu'il formait la moindre instruction sur leur service et leurs manœuvres en campagne.

Depuis la Révolution, cette arme a été beaucoup augmentée; elle a été employée, j'oserais dire, de préférence à l'infanterie de ligne, par la plus grande partie des généraux: mais dans toutes les actions de guerre où les chasseurs se sont trouvés; dans tous les mouvemens qu'ils ont faits, tous les chefs n'ont eu pour guide que leur courage, et la plupart pour principe que leur expérience.

L'instruction de Frédéric II pour les officiers qui servent aux avant-postes, étant plus particulière à la cavalerie qu'à l'infanterie, nous avons cru devoir proposer celle-ci.

L'expérience d'une guerre comme celle que nous venons d'avoir, a convaincu tous les militaires instruits que des forces mues par de bons principes doublent leur valeur. Il faut donc des principes; car si nous venions à être obligés de recommencer la guerre, nous ne pourrions la faire avec succès et avec économie d'hommes, si le gouvernement n'arrêtait, pour l'infanterie légère, des manœuvres et un service qui lui fussent

particuliers à la guerre, et que l'intelligence des chefs rendra utiles en les
employant selon que les circonstances,
la position et l'éloignement de l'armée
pourront l'exiger.

Cette instruction devant être détaillée,
sera divisée en plusieurs chapitres; mais
avant d'entrer en matière pour le service et les manœuvres, j'ai cru devoir
parler de l'organisation des corps d'infanterie légère, de l'espèce d'hommes
propres à cette arme, enfin de leur
habillement et équipement.

On ne sera pas étonné que j'aie en-
trepris cet ouvrage, quand on saura que
depuis 1792 je sers comme chef dans
cette arme; que j'ai constamment été
aux avant-postes, et que je n'ai négligé
aucune des circonstances qui m'ont paru

dignes d'être citées ; enfin , que j'ai tenu un journal de mes opérations militaires : ce qui m'a en partie décidé à proposer ce travail à Sa Majesté , comme le résultat de mes campagnes.

INSTRUCTION

# INSTRUCTION

## POUR LE SERVICE

## ET LES MANŒUVRES

### DE

## L'INFANTERIE LÉGÈRE

### EN CAMPAGNE.

---

## CHAPITRE PREMIER.

*Organisation de l'Infanterie légère.*

~~~~~~~~~

L'ORGANISATION de l'infanterie légère ne doit pas être la même que celle de l'infanterie de ligne, le service et les manœuvres étant et devant être absolument différens à la guerre.

L'infanterie légère ne présente toujours que des corps désunis, soit par l'éloignement des cantonnemens ou des biwouacs, soit parce que souvent un bataillon se trouve dans une brigade, et les autres dispersés dans d'autres.

Presque toujours l'infanterie légère se bat en

A

tirailleurs ; elle ne conserve de masse dans chaque bataillon que pour protéger la retraite de ces mêmes tirailleurs, et les renouveler au besoin : rarement elle se trouve assez forte, par sa manière d'être disposée, pour résister au choc d'une grosse colonne, à moins qu'elle ne sache être ou ne soit promptement secourue.

L'infanterie de ligne, au contraire, présente toujours des corps ensemble, devant se battre en ligne ou en colonne, qui sont soutenus sur leur flanc par de l'infanterie ou de la cavalerie légère, et sur leur derrière par une seconde ligne d'infanterie ou de grosse cavalerie, de manière que, lorsque les positions qu'ils occupent ont été bien reconnues et bien prises, ils ne sauraient jamais être pris à revers. Enfin, l'infanterie de ligne est destinée à présenter des masses à l'ennemi, tandis que l'infanterie légère ne lui présente que de petits corps de troupes, et des hommes qui, pour la plupart, se battent isolément.

D'après ces vérités connues de tous les militaires, il est donc nécessaire que l'infanterie légère ait une organisation, un service et des manœuvres qui lui soient particulières, et qui conviennent plus au genre de service auquel elle est destinée.

En temps de guerre, ces corps ne devraient jamais être composés que de deux bataillons de neuf compagnies chaque : le nombre d'hommes dans les compagnies resterait indéterminé (1).

En temps de paix, tous les corps d'infanterie légère pourraient être réduits à un bataillon, en conservant cependant les officiers du bataillon réformé, afin qu'en cas d'événemens ils pussent de suite réorganiser leurs compagnies : on conserverait aussi le chef du second bataillon.

Cette nouvelle organisation ne doit rien changer au nombre des corps, qui restera toujours fixé à trente : ils conserveraient leurs numéros, et auraient leur rang dans les garnisons, avec la ligne, relativement à l'ordre numérique.

Pour empêcher les querelles qui pourraient exister à cause du rang, le gouvernement pourrait décider que la ligne alternerait avec l'infanterie légère pour le pas. Par exemple, en l'an XIII, si la première demi-brigade de ligne se trouvait avec la

_____

(1) Trois bataillons dans une demi-brigade d'infanterie légère ne peuvent convenir au genre de service relatif à cette arme, d'abord parce qu'il est impossible que le chef puisse les diriger tous trois dans une action de guerre, s'ils sont trop distans les uns des autres : par conséquent sa responsabilité devient illusoire ; ensuite c'est que, comme l'honneur est l'ame d'un corps et fait sa force à la guerre, que les chefs doivent en être le principe, il est indispensable que chaque chef puisse en tout temps diriger celui qu'il commande : ce qui arrivera rarement quand les corps légers seront de trois bataillons.

première demi-brigade légère, elle aurait le pas sur celle-ci, comme celle-ci l'aurait en l'an xiv : dans tous les cas, elle aurait le pas avant la deuxième de ligne, comme la troisième de ligne l'aurait sur la quatrième légère ; et ainsi de suite pour les autres corps.

### *Organisation sur le pied de guerre.*

Un colonel.

Un colonel en second, chargé du détail, etc.

Deux chefs de bataillons.

Deux adjudans-majors.

Un quartier-maître-trésorier.

Deux porte-guidons.

Dix-huit capitaines.

Dix-huit lieutenans.

Dix-huit sous-lieutenans.

Le petit état-major et les ouvriers, comme dans l'infanterie de ligne.

Un fort dépôt commandé par quatre officiers.

### *Organisation sur le pied de paix.*

Un colonel.

Deux chefs de bataillons, dont un chargé du détail.

Un quartier-maître.

Neuf capitaines en premier.

Neuf capitaines en second.

Neuf lieutenans.

Dix-huit sous-lieutenans.

Un porte-guidon.

Six cent trente sous-officiers et chasseurs, à raison de soixante-dix hommes par compagnie, non compris le petit état-major et les ouvriers.

En temps de paix, le deuxième guidon resterait toujours déposé chez le colonel, et l'officier serait compris dans les sous-lieutenans.

Indépendamment de ces trente régimens ou demi-brigades, il y aurait deux corps de partis (1), sous la dénomination : le premier, de légion impériale; le deuxième, de légion des Francs. Leur organisation serait la même que celle des corps légers, soit pour le pied de paix, soit pour le pied de guerre.

_____

(1) Quoique l'infanterie légère ait quelquefois fait la guerre comme des partisans, le fait est que nous n'avons pas eu de partisans dans la guerre de la révolution, et qu'ils sont nécessaires pour harceler l'ennemi et faciliter aux généraux des mouvemens sérieux, en ne fatiguant pas trop l'infanterie légère, qui seroit toujours aux avant-postes et en première ligne.

La campagne du prince Henri contre le général Laudon, dans laquelle ils n'ont employé que des corps de partis, les a comblés de gloire, en ce qu'ils ont épargné le sang à force de talens.

A 5

# CHAPITRE II.

*Espèces d'hommes propres au service de l'infanterie légère.*

~~~~~~~~

Tous les hommes, indistinctement, ne conviennent pas au service de l'infanterie légère ; les grands hommes, quoiqu'ils plaisent davantage, sont cependant ceux qui conviennent le moins. L'expérience nous a prouvé qu'un homme de cinq pieds, un, deux ou trois pouces, est plus nerveux ; que ses forces corporelles étant plus rassemblées que dans un homme de sept à huit pouces, elles sont plus considérables ; que par conséquent, il est plus dans le cas de résister aux fatigues de la guerre, moins susceptible d'être atteint d'une balle ; enfin qu'il entre plus facilement qu'un grand homme dans un taillis, etc. ; que par conséquent, et sous tous ces rapports, il convient mieux qu'un chasseur, qui journellement est exposé aux fatigues comme au feu, soit plus petit que trop grand.

Il serait donc à desirer qu'il ne fût admis dans l'infanterie légère que des jeunes gens qui n'auraient pas moins de cinq pieds, mais pas plus de

cinq pieds quatre pouces ; qu'ils fussent bien
constitués et d'une santé robuste ; mais comme
il ne serait pas juste d'opérer de suite ce changement, il se ferait avec le temps, en ayant pour
principe de ne pas s'écarter de ce que prescrirait
le gouvernement à ce sujet, et auquel il en serait rendu compte par les inspecteurs généraux
d'infanterie.

---

# CHAPITRE III.

## *Habillement, équipement et armement des chasseurs.*

Il importe aussi de donner une idée de ce qui
peut convenir à la santé comme à la légèreté du
soldat, et par conséquent à son utilité.

Depuis la révolution jusqu'à ce jour, le chasseur a été trop gêné dans son habillement ; non
seulement il n'est pas libre dans ses mouvemens,
mais encore il est plutôt malade que s'il était
bien à son aise dans ses vêtemens ; d'ailleurs je
dirai plus : que c'est compromettre la vie des
hommes à la guerre, que de les habiller de manière à ce qu'ils ne puissent agir avec aisance.

## COIFFURE.

Le sakos étant la coiffure qui convient le mieux aux chasseurs, il faut la leur donner ; mais en même temps il faut qu'ils aient les cheveux coupés à la Titus, et qu'ils se lavent la tête au moins tous les mois, avec de l'eau qui ne soit pas trop froide, parce que si elle l'était trop, cela pourrait affaiblir leur vue.

## HABILLEMENT.

Habit, veste, de couleur gris de fer ; collet et parement cramoisi sans revers, boutonnés de gros boutons numérotés depuis le cou jusqu'en bas, le retroussis de l'habit de la même étoffe, et de deux cors de chasse de chaque côté.

Un gilet de tricot, pareillement gris de fer, mais à manche, afin qu'il puisse servir de veste alors que le chasseur sera en sarot ; les manches devront être lacées au gilet.

Un pantalon de drap gris de fer ; il faut qu'il soit très-large, afin que le chasseur soit plus à son aise, que le sang puisse circuler plus facilement dans ses veines, et qu'il fatigue moins en marche comme dans ses mouvemens ; enfin qu'il use moins de pantalons qu'il ne fait quand ils sont trop justes : car alors il ne peut se pantalonner ni se dépantalonner facilement, et sans courir les risques de déchirer son pantalon.

Un sarot de tricot , couleur bleu de ciel , que le chasseur mettra tous les jours, ainsi que pour les exercices , afin de ménager son habit.

### ÉQUIPEMENT.

Une paire de demi-guêtres de cuir noir, avec des boutons pareillement de cuir , parce qu'ils durent plus long-temps.

Des souliers faits par le cordonnier du corps.

Une cravatte noire garnie d'un piqué , mais qui ne soit pas trop gros, pour ne pas échauffer le cou du chasseur ; les jours de parade, on y attacherait un petit liséré blanc.

Le havresac du chasseur doit être beauoup plus petit que celui du soldat de ligne , tout en contenant les choses qui lui sont absolument indispensables à la guerre.

### ARMEMENT.

L'armement sera le même qu'il est dans ce moment ; une seule chose qu'il sera indispensable de faire, ce sera de mettre tous les fusils à la portée d'un homme de cinq pieds deux pouces , ce qui se trouve être la taille moyenne de la grandeur voulue pour l'infanterie legère.

# CHAPITRE IV.

*Nécessité d'une instruction particulière qui règle le service et les manœuvres de l'infanterie légère en campagne.*

~~~~~~~

LA guerre est un fléau, mais puisque malheureusement elle est quelquefois nécessaire ou inévitable, il faut donc mettre en principes l'art de la faire, afin de la rendre moins coûteuse à l'espèce humaine ; car il est évidemment prouvé que les moyens que l'on rencontre dans l'étude relative à la guerre, sont plus propres à la conservation qu'à la destruction des hommes. Par eux, si on apprend à envahir le territoire de son voisin, alors qu'il nous déclare la guerre, on apprend en même temps à défendre le sien, comme aussi à consolider et à assurer la durée des gouvernemens ; car rien de plus imposant que cet équilibre de résistance qui naît d'une instruction et d'une expérience générales.

Pour la conservation des hommes, comme pour l'avantage du gouvernement, il faut que les officiers soient instruits ; et l'ordonnance ne dit rien pour l'instruction de ceux qui sont aux avant-postes : l'instruction pratique a son mérite, mais elle se perd dans le repos, si elle n'est appuyée de principes.

Jamais le conseil de la guerre, en formant des corps de chasseurs, n'a pensé à leur donner une instruction relative à l'emploi qu'il leur destinait à la guerre ; cependant il aurait dû commencer par là.

Aujourd'hui que l'expérience nous a démontré que cette omission du gouvernement a été préjudiciable aux corps qui ont fait le service des avant-postes, il n'y a pas à douter que S. M. l'Empereur ne donne une instruction aux officiers de troupes légères, pour ce qu'ils ont à faire comme éclaireurs ou flanqueurs, sans cependant qu'ils soient dispensés d'apprendre tout ce qui peut être relatif à l'infanterie de ligne, parce qu'il est indispensable qu'ils le sachent.

Le militaire qui veut tendre à la perfection de son art doit avoir continuellement l'esprit occupé des choses qui y ont rapport. Dans une action de guerre, il faut qu'un officier se rappelle, avec la promptitude de l'éclair, toutes celles dans lesquelles il aurait pu se trouver, pour en comparer les circonstances avec celles dans lesquelles il se trouve ; il faut qu'il médite, qu'il combine, qu'il invente au besoin, mais qu'il réfléchisse continuellement sur les causes et sur les effets, sur les événemens et les circonstances, afin de pouvoir en tirer avantage quand il se trouve à même de les mettre en pratique.

Il ne faut pas qu'un militaire que le hasard aurait servi dans une action de guerre, s'en prévale pour rejeter l'étude ; car telle que soit la réputation que lui aurait valu une belle action qu'il aurait faite sans le savoir, et de laquelle il ne pourrait pas rendre compte, il finirait toujours par être jugé et placé dans la classe des ignorans.

En un mot, l'instruction est nécessaire à l'homme de guerre ; mais pour qu'il devienne grand, il faut encore qu'il apporte des dispositions naturelles et de l'activité ; il faut que ce soit la nature cultivée par l'étude, la réflexion et l'application au travail, qui lui vaille cette qualité.

# CHAPITRE V.

## SERVICE.

L'ORDONNANCE distingue deux sortes de services : celui de PLACE et celui de CAMPAGNE ; et chacune de ces espèces se divise en *service armé* et en *service non armé.*

Le *service armé* se commande par la tête, et celui *non armé,* par la queue ; dans chaque compagnie, pour les soldats, et dans chaque colonne, pour les officiers et sous-officiers.

## SERVICE DE PLACE.

Ne devant parler dans ce travail que du service de campagne, je renverrai, pour celui de place, au réglement, ainsi qu'aux arrêtés qui y sont relatifs, et qui sont suffisamment détaillés.

## SERVICE DE CAMPAGNE.

Il n'en est pas de même du service de campagne, quoiqu'il y ait une ordonnance qui y soit relative ; elle n'entre dans aucune espèce de détails pour le service des avant-postes, et comme il importe à la sûreté des armées qu'il y ait un réglement *ad hoc* pour ce genre de service, c'est pour en donner un que j'ai l'honneur de proposer ce travail à S. M. I.

Le service à l'armée a pour but la conservation des troupes ; cependant il y a une manière de le faire pour se garder également bien et avec avantage dans des positions différentes : c'est ce que je vais m'efforcer de prouver, et afin de me rendre plus intelligible, je diviserai le service de campagne en cinq sections ;

## SAVOIR,

Première section ; service à faire dans les camps.

Deuxième ——; dans un village où une troupe légère se trouve cantonnée.

Troisième ——; dans un bois où une troupe légère sera bivouaquée.

Quatrième ——; dans une gorge.

Cinquième ——; enfin des patrouilles.

## PREMIERE SECTION.

*Manière de se garder dans un camp.*

ORDINAIREMENT l'infanterie légère ne campe qu'alors qu'elle entre dans la ligne ; ce qui n'arrive guères que dans les blocus du genre de celui de Luxembourg, lors de sa prise, parce qu'il n'y avait plus besoin d'armée active ni de troupes d'observation, l'ennemi ayant repassé le Rhin. Dans ce cas, le service est prévu par le réglement de campagne.

Si une demi-brigade légère campe en plaine avec sa division, et que dans cette division il n'y ait qu'elle, le général la placera sur le flanc qu'il croira devoir être attaqué ; mais dans ce cas encore, elle suivra le réglement de campagne, en observant cependant de faire rapprocher, à la nuit, les petits postes des grands, pour empêcher qu'ils ne soient coupés par l'ennemi.

Enfin, si par un événement qu'on ne saurait prévoir, mais qui cependant peut arriver, une demi-brigade légère était forcée de camper en plaine, seule, pour une nuit ou pour un temps très-court, à l'effet de reposer la troupe ou d'attendre de nouveaux ordres, il faudrait alors que le chef fît camper sa troupe circulairement, et qu'il plaçât ses postes dans une ligne parallèle à son camp, les sentinelles bien correspondantes de l'une à l'autre, afin que dans le cas où l'ennemi viendrait pour attaquer, il ait moins d'action sur elle, telle que puisse être sa force.

On ne donne ce moyen que comme devant être employé dans un cas très-extraordinaire, puisque l'infanterie légère ne doit pas ordinairement camper, mais seulement bivouaquer ou cantonner.

## DEUXIÈME SECTION.

### Manière de se garder dans un village où l'on serait cantonné.

Une troupe, cantonnée dans un village en avant de l'ennemi, doit être dans une surveillance continuelle, toujours prête à prendre les armes, particulièrement la nuit, pendant laquelle personne ne peut se déshabiller.

Les chasseurs doivent être disposés en nombre égal sur les points les plus accessibles à l'ennemi.

La cavalerie, quand un chef en a sous ses ordres, doit être placée dans une grange, dans laquelle les hommes et les chevaux doivent être commodément et sortir sans confusion au besoin, pour se porter ou au secours du poste, s'il était attaqué, ou sur le point qui serait indiqué.

Si le village est en avant d'une lieue de la division dont le corps fait partie, alors il faut que le chef qui y commande fasse établir, de distance à autre, des redans dans lesquels il établira des postes, et construire, par les charrons de l'endroit ou ses sapeurs, des chevaux de frise pour jeter aux entrées principales du village, et empêcher l'arrivée de la cavalerie ennemie. On peut encore fermer les avenues du village par des barricades faites avec les voitures des paysans.

Si le commandant de ce village a de la cavalerie, il choisira une éminence à un quart de lieue en avant du côté de l'ennemi, pour y placer un poste qui fournira une ou plusieurs vedettes, selon la situation par rapport au village ainsi qu'à la position de l'ennemi; ce poste, à la nuit, descendra sur l'avenue principale du village, à une portée de fusil en avant. Mais dans les postes d'infanterie, à la pointe du jour, toute la cavalerie montera à cheval (1), et le

---

(1) Quoique la cavalerie ne monte à cheval qu'à l'aube

poste

poste ira se placer à l'endroit qui lui aura été fixé pour le jour, tandis que le reste ira en reconnoissance, suivi de la moitié des carabiniers, s'il y a deux compagnies, et de toute la compagnie, s'il n'y en a qu'une seule.

Une heure avant la pointe du jour, toute la troupe prendra les armes, et les gardes montantes iront relever les anciennes, qui cependant ne quitteront le poste qu'après la rentrée des découvertes.

Quant aux postes d'infanterie, il y en aura trois principaux, commandés par un officier chaque, et disposés de la manière suivante:

Un officier à chaque avenue principale; chaque poste sera subdivisé en trois, dont deux de quatre hommes commandés par un sergent et un caporal.

Les deux petits postes, intermédiaires des deux grands, fourniront trois sentinelles; une pour la garde de chaque poste, et une volante de poste à poste, de manière que toute la nuit les sentinelles soient entretenues dans la plus grande surveillance.

Il y aura deux officiers commandés pour faire des rondes, ce qui, avec celles que feront les

---

du jour, il faut cependant qu'elle soit prête, comme l'infanterie, une heure et même plus avant.

ficiers et sous-officiers de garde, assureroit l'exactitude dans le service et la sûreté de la troupe.

Il y aura, en outre, un piquet commandé par un capitaine, qui montera, après la retraite, au centre du village, et qui descendra après la rentrée des découvertes. Ce poste servira, en cas d'attaque, à protéger les postes de l'extérieur, d'après les ordres du capitaine, qui alors commandera toutes les gardes.

Si dans la nuit l'ennemi faisait un mouvement pour venir attaquer un des postes ou le village, l'officier de garde qui en aurait été averti le premier enverrait de suite en prévenir le commandant, qui donnerait des ordres en conséquence des mouvemens de l'ennemi.

Un village gardé de la manière que nous venons d'indiquer, s'il y a une demi-brigade, est inexpugnable; mais si le commandant n'avait pas l'ordre de tenir ce poste, et que l'ennemi se présentât en force avec de l'artillerie, alors il ferait sa retraite de la manière qui sera indiquée à la section.

Une attention bien particulière que les officiers doivent avoir, c'est celle de recommander à leurs sentinelles d'avertir le caporal, quand elles aperçoivent quelqu'un venir, ou qu'elles entendent du bruit, afin qu'il soit prêt pour venir reconnoître aussitôt qu'elle aura pu crier à ce qui viendra à elle : *halte*, et de suite : *caporal, viens reconnoître.* Si on se faisait répéter deux fois, *halte*, il faudrait, au lieu de le crier une troisième, que la sentinelle ajustât et tirât son coup de fusil, et qu'elle se retirât sur le poste, qui de suite prendra les armes, et fournira une autre sentinelle, s'il ne fait pas de mouvemens rétrogrades, parce qu'une sentinelle qui a tiré son coup de fusil doit toujours être relevée.

Il est très-essentiel d'empêcher les sentinelles de dialoguer avec ce qui les approche, et surtout en avant du côté de l'ennemi ; elles ne doivent que commander *halte*, et appeler le caporal, qui alors fait les questions qui sont d'usage pour reconnoître ce qui vient de l'ennemi : en observant, si c'est une troupe, et qu'elle se dise française, de commander à la troupe : *halte, le commandant en avant à l'ordre.* Ces commandemens doivent se faire avec promptitude et assurance ; et dans le cas où la troupe avancerait toujours malgré la défense qui lui en aurait été faite, le caporal ferait faire feu, et se retirerait, en tiraillant, sur le poste le plus voisin de lui, mais toujours avec ordre, et ainsi de suite, en cas de persévérance de la part de l'ennemi.

Si le village dans lequel une demi-brigade était cantonnée se trouvait sur la droite de la division et dans la ligne des autres corps, alors il faudrait que le chef prolongeât ses postes pour être liés avec ceux de la troupe qui se trouverait à sa gauche, s'il n'a personne à sa droite, ce sera alors sur ce point qu'il faudra qu'il poste sa cavalerie, s'il en a ( et aussi que le terrain lui soit propre), ainsi que ses carabiniers.

Si en avant du village il se trouve une rivière, il faudra que le commandant s'assure des endroits où on pourrait la passer au gué, afin d'y mettre de petits postes, qui, pour les troupes légères, sont préférables aux grands, parce qu'ils rendent le même service sans fatiguer la troupe.

Si la rivière était derrière le village, il faudrait les mêmes précautions de la part du commandant, afin de ne pas être pris à revers; mais en même temps il faudrait établir un poste à l'extrémité du pont, quoiqu'il fût du côté occupé par nos troupes.

Les postes seront placés toujours comme il a été dit plus haut, telle que soit la position du village.

## TROISIÈME SECTION.

*Manière de se garder, étant bivouaqué dans un bois.*

Lorsqu'une troupe devra bivouaquer dans un bois, il sera indispensable que le commandant le fasse fouiller à fond, et y fasse lui-même une reconnoissance très-exacte pour s'assurer de sa profondeur et de sa largeur (quand elles

seraient déterminées par la carte), s'en rendre
toutes les allées familières, et s'en emparer par
de petits postes, faire faire par ses sapeurs ou
des paysans, si on est proche d'un village, des
abattis dans les clairs du bois ; les forts étant
suffisans pour empêcher ou entraver la marche
de l'ennemi.

Pour établir les gardes, il faut bien connoître le terrain qu'on occupe, la position de l'ennemi, les mouvemens qu'il pourrait faire, et le
point par lequel il lui serait plus possible d'attaquer. Alors que le chef sera instruit de tout
cela, il fera placer ses postes, en suivant les
principes posés dans les sections précédentes
pour l'établissement des gardes.

Ce devra toujours être à l'une des lisières du
bois que la troupe devra former ses barraques,
si elle doit rester quelque temps dans cette position, mais les feux devront être faits de manière à ne pas être aperçus de la plaine.

S'il y a de la cavalerie, elle se placera dans
l'une des avenues principales du bois, à portée
de secourir son poste, qui sera établi en plaine,
sous la protection d'un poste d'infanterie.

# QUATRIÈME SECTION.

*Manière de se garder dans les montagnes.*

La guerre de montagnes exige beaucoup de

talens et une étude locale du pays, pour la faire
avantageusement. Pour les chefs, si elle les com-
ble de gloire, aussi elle leur donne beaucoup
de peine, de danger et de travail ; car les reconnoissances qu'il est indispensable qu'ils fassent ne peuvent se faire que pied à pied, pour
ne pas être douteuses ; mais alors que l'on a reconnu des positions pour être avantageuses par
rapport aux débouchés, si l'on avance, ainsi
qu'aux moyens de retraite, il faut s'en emparer
et les garder. Par-tout, dans les montagnes, on
tient avec peu d'hommes, alors qu'ils sont bien
placés, et qu'en cas qu'ils soient forcés à la retraite, elle soit assurée.

Le commandant d'un avant-poste devra s'emparer des gorges qui entoureront le point sur
lequel il se trouvera ; qu'il y établisse de forts
postes, en raison de sa force, flanqués par de
petits, qui entretiendront avec ceux-là des cor-
respondances entre les sentinelles.

Le gros de la troupe devra être cantonné ou
barraqué à mi-côte, et le chef s'emparera, par
de petits postes, de la sommité des montagnes
qui l'entoureront ; il devra également se garder en arrière, pour ne pas craindre les surprises, quoiqu'elles soient aussi fréquentes que
possible dans les montagnes, malgré l'exactitude
des reconnoissances qu'on aurait pu faire de
toutes les montagnes et mamelons qui entoure-

raient une troupe commandée par un chef actif et intelligent.

Les principes pour l'établissement des postes sont les mêmes que dans les sections précédentes ; ils consistent dans une surveillance continuelle et en liaisons des postes, surveillés par des rondes et des patrouilles, et dans le refus constant du chef d'accorder aux officiers, sous-officiers et soldats, des permissions de s'absenter du cantonnement ou bivouac.

# CINQUIÈME SECTION.

## Manière de faire les patrouilles.

A l'armée, le principal service des carabiniers sera de faire les patrouilles et les reconnoissances du matin.

Quand une demi-brigade de trois bataillons sera réunie, chaque bataillon fournira dix carabiniers et un caporal ; deux sergens seront commandés sur les trois compagnies, ainsi qu'un officier. Si la demi-brigade n'est que de deux bataillons, chaque bataillon fournira quinze carabiniers.

Le chef, commandant la colonne, placera ces trente hommes sur le point qu'il jugera le plus convenable, et ils y resteront depuis une heure avant la fin du jour jusqu'à la rentrée des reconnoissances ( 1 ), qu'ils retourneront à leur compagnie.

Chaque patrouille sera de dix hommes ; sera commandée, la première, par le plus ancien sergent ; la seconde, par le second sergent ; et la troisième, par le plus ancien caporal ; l'officier devant toujours rester avec les vingt carabiniers, qui étant au repos formeront un poste, qu'en cas de besoin, il pourra porter où il le jugera nécessaire.

Ces patrouilles parcourront le terrain qui existera entre les postes et les sentinelles, n'ayant pour but qu'une surveillance plus active, et en cas d'attaque, d'avoir de suite à opposer à l'ennemi une force plus considérable que celle des postes, comme aussi d'inspirer aux hommes de garde plus de confiance, et donner au chef le temps nécessaire pour diriger plus avantageusement ses forces, que s'il était obligé de se servir des premiers soldats prêts pour résister à un

_____

(1) Ces trente hommes, indépendamment du piquet, formeront le poste intermédiaire entre les avant-postes et la troupe, toujours cependant sans avoir de position stable, puisque l'ennemi par ses mouvemens peut faire craindre aujourd'hui pour le flanc , et demain attaquer la gauche : c'est pourquoi le chef, qui ne doit jamais perdre de vue les mouvemens de l'ennemi , doit les placer où il les croit le plus nécessaires.

premier

premier choc qui est toujours très-vif, et qui, aux avant-postes, est presque ordinairement la cause, sinon du désordre, mais de la confusion qui existe dans les compagnies, et dans laquelle les pelotons rencontrent tant d'avantages.

Quand la nuit est obscure, les commandans de patrouilles doivent être plus attentifs au bruit qu'ils entendent, venant d'en-avant de la ligne des sentinelles, parce que souvent l'ennemi profite de ces temps brumeux pour égorger ou faire tout un poste prisonnier : ainsi il faut qu'une patrouille marche dans le plus grand silence ; que les hommes n'appuient pas le pas ; que le commandant s'arrête souvent ; qu'il se baisse pour écouter s'il entend quelque chose, et d'où peut venir le bruit qui frappe son oreille.

En passant par les différens postes qu'un commandant de patrouille a à parcourir, s'il trouvait une sentinelle de moins, sur-le-champ il la remplacerait par un homme de sa patrouille, et il en instruirait de suite l'officier, qui en enverrait prévenir le commandant en chef, pour qu'il avise aux moyens d'éviter une surprise.

Il en serait de même pour un homme qui manquerait à un poste ; et si le caporal ou le sergent n'en avait pas rendu compte à l'officier, il serait relevé, et puni suivant l'exigence du cas.

Dans ces deux cas, ce serait celui de mettre tous les postes sous les armes, et que le reste de la troupe soit l'arme en main dans ses logemens.

Il arrive souvent que quand l'ennemi veut attaquer, ses avant-postes ont des signaux correspondans avec l'armée, comme une lumière dans un clocher, agitée de l'*est* à l'*ouest*, une *fusée lancée*, un *coup de canon*, etc. Alors, soit le commandant d'une patrouille, soit un homme de l'un des postes qui s'en aperçoive, sur-le-champ il doit en rendre compte à l'officier, qui alors redoublera d'attention, et dans le cas où la fréquence des signaux et la manière de les répéter pourraient faire craindre une attaque, il en préviendrait de suite le commandant du corps (1), qui ferait redoubler les patrouilles, et tenir la troupe prête à prendre les armes.

De tout ce qu'un commandant de patrouille entend ou aperçoit d'extraordinaire, il faut qu'il en prévienne de suite le commandant du premier poste auquel il se présente, et celui-ci de suite à celui sous les ordres duquel il se trouve, et ainsi de suite jusqu'au commandant de la troupe.

---

(1) Jamais les Autrichiens n'attaquent généralement sans un signal qui se répète sur toute la ligne, et rarement ils forment leurs retraites des camps sans doubler leurs feux, qu'ils font entretenir pendant trois et quatre heures par des hommes qu'ils laissent à cet effet.

Si une patrouille était obligée de faire feu, de suite l'officier de carabiniers, commandant le poste des patrouilles, ferait prendre les armes à la troupe : il en conduirait la moitié au secours de la patrouille qui aurait tiré, et alors la conduite de l'ennemi dirigerait la sienne, ainsi que celle du commandant de la troupe qui aurait été averti par les soins de cet officier.

# CHAPITRE VI.

## *Mouvemens devant l'ennemi.*

Ce chapitre sera divisé en quatre sections,

SAVOIR:

Première section. Marche d'une troupe à l'ennemi.

Seconde ———; position à prendre par une troupe.

Troisième ———; retraite d'une troupe.

Quatrième ———; enfin des reconnoissances générales à faire.

# PREMIÈRE SECTION.

## *Marche d'une troupe à l'ennemi.*

Toutes les fois qu'une troupe marchera à l'ennemi, elle devra être précédée et suivie d'une avant et d'une arrière-garde, forte en proportion de la colonne. Ces deux postes serviront d'éclaireurs quand la troupe marchera en bataille, et de flanqueurs quand elle sera ployée en colonne.

Dans les plaines d'une grande étendue et découvertes, le chef n'a pas besoin de flanqueurs, ni d'éclaireurs ; il s'éclaire lui-même. Cependant il lui faut une avant-garde ; s'il a de la cavalerie, elle lui en servira.

Dans les gorges comme dans les bois, il est indispensable qu'il se fasse précéder par un posté, et flanquer sur sa droite et sur sa gauche, comme aussi qu'il ait un peloton en queue, afin d'assurer la marche de sa colonne.

Le commandant d'une troupe doit avoir la plus grande attention de la faire marcher en ordre, mais à distance assez ouverte pour que le soldat, ainsi que l'officier, quoiqu'à leur place, ne soient pas gênés.

Plusieurs circonstances doivent le décider sur la manière de marcher, soit en colonne, par peloton ou division, par le flanc, ou en bataille, la localité du terrain qu'il doit parcourir, la pro-

ximité comme la position de l'ennemi, enfin la
montre d'hommes qu'il doit lui faire pour le
tromper sur sa force.

Dans tous les cas de marche, le soldat doit
observer le plus grand silence, et la nuit, lorsqu'il est près de l'ennemi, il faut l'empêcher de
battre le briquet, parce que cela pourrait entraîner dans les plus grands inconvéniens pour la
réussite de l'entreprise qu'on voudrait faire.

Les charpentiers des corps doivent toujours
marcher derrière l'avant-garde, armés de cara-
bines pour faire des trouées, s'il en était nécessaire : cependant, alors qu'ils marcheront ainsi
ils doivent porter leurs haches dans le porte-
hache, et la carabine dans le bras droit ; ils la
passeront à la grenadière, s'ils doivent se servir
de leurs haches.

Enfin, soit de jour, soit de nuit, une troupe en
marche, en allant à l'ennemi, mais particulièrement en formant sa retraite, doit conserver le
plus grand silence et le plus grand ordre, afin de
conserver la force de la colonne, d'en imposer à
l'ennemi, et que le soldat puisse entendre tous les
commandemens qu'on pourrait lui faire.

# DEUXIÈME SECTION.

*Manière de prendre des positions devant l'ennemi, comme redoute, bois, village, etc.*

L'ordre dans la marche est sans doute nécessaire; mais savoir prendre des positions avantageuses en raison des localités qu'une troupe parcourt, voilà un des plus essentiels talens d'un chef à la guerre : il le possédera, s'il lit bien sa carte, s'il marche dessus avec facilité; et alors, il exécutera sûrement l'ordre qui lui aura été donné, comme aussi il pourra diriger ses mouvemens vers l'endroit qui lui aura été indiqué, comme ceux de sa retraite, avec cette confiance qui en inspire aux soldats.

Voilà un principe qui doit être généralement connu de tous les chefs : aussi n'est-ce pas pour eux que j'en parle, mais seulement pour ceux qui commencent à entrer dans la carrière des armes, quand ils y apportent l'amour de l'étude et le goût de leur état.

Pour aller prendre position en avant de celle qu'on occupe, il y a sans doute à espérer de rencontrer des villages, des bois, des redoutes ou des rivières : alors ce sera l'une de ces positions, la plus près de l'ennemi, la plus avantageusement située, autant par rapport à lui que par rapport au secours qu'il pourra espérer en cas d'attaque, qu'il faudra qu'il occupe.

## Prise d'une redoute.

Si un chef doit s'emparer d'une redoute, il faut qu'il étudie avec beaucoup d'attention les moyens à employer pour l'attaque comme pour la retraite, mais particulièrement ces derniers. Cette étude doit être prompte et hardie, afin d'étourdir, s'il est possible, l'ennemi, et d'annuller ses moyens de défense par la surprise que devra lui causer la vivacité avec laquelle on l'attaque (1).

Ordinairement on nomme coups de main ces sortes d'actions qui ne se font avec succès et économie d'hommes que la nuit, ou à l'aube du jour, et quand on a mis dans l'exécution toute la célérité possible.

---

(1) Il faut qu'un officier sache faire la distinction d'un rédant, d'un épaulement d'avec une redoute; les premiers servent à défendre l'entrée d'un village, d'un bois, d'un passage de rivière, à masquer le feu des postes; enfin, quand ils doivent tenir, les mettre à l'abri du feu de l'ennemi : dans ces premiers, il n'y a ordinairement pas de canon, tandis que dans les redoutes le plus souvent il y en a, qu'elles servent à protéger des retranchemens et qu'elles sont toujours soutenues par des forces supérieures à celles des avant-gardes et des postes ordinaires.

C 4

Pour tenter une pareille opération dans le jour, il faut nécessairement avoir de l'artillerie, et être en force. Quand on ne peut avoir qu'une pièce, il serait préférable que ce fût un obusier, parce que l'obus jeté dans la redoute occasionne une perte considérable à l'ennemi, ce qui n'arriverait pas avec une seule pièce de canon ; mais pour être plus certain de réussir dans le jour, dans une opération de ce genre, il faut du canon pour démonter ceux de la redoute, qui tirent presque toujours à barbette, et des obus pour ravager l'intérieur.

Les moyens diffèrent en raison de la force qui défend, comme de celle que l'on a ; car un poste qui sera défendu par des redoutes sera, à coup sûr, garni de troupe, qui sera encore soutenue par une plus considérable sur les derrières, et qui cependant, pour nous tromper, ne fera pas de sortie, et masquera ses forces, afin de nous déterminer à être entreprenans : voilà ce qu'il faut que le chef cherche à savoir, afin de ne pas compromettre ses forces, et peut-être celles de la division qui le soutient.

Un chef d'avant-poste doit tout employer pour ne jamais ignorer où est le gros de l'armée ennemie, s'il est en avant du centre ou d'un des flancs de cette même armée ; qui commande les troupes en avant desquelles il se trouve, et quels sont ou peuvent être leurs mouvemens : avec tous ces renseignemens, un chef double sa force; il facilite au général auquel il rend compte ses moyens de direction et il inspire de la confiance aux soldats (1).

Pour attaquer et prendre une redoute, il faut, auparavant, que les masses qui l'environnent se mettent en mouvement, que les éclaireurs, très-éloignés les uns des autres, soient arrivés aux palissades, ou au fossé : alors le chef fait battre la charge, et tandis que les éclaireurs (qui, dans ce cas, doivent être secourus, doublés et triplés, s'il est nécessaire) se battent avec ceux qui défendent la redoute, il marche dessus, en observant d'y arriver en bataille, ses pelotons très-distans les uns des autres, pour éviter l'effet de la mitraille, ou la craindre moins. Cette manœuvre doit se faire au pas de course, quoiqu'en conservant l'ordre dans les pelotons.

---

(1) Le général Marceau a, pendant toute la campagne de l'an 2, été en présence du général autrichien comte de la Tour, sur lequel il n'a cessé d'avoir un avantage marqué. En allant à une affaire, les soldats demandaient: Est-ce encore le général la Tour que nous allons battre ? On leur répondait: Oui. — Ah! tant mieux, c'est notre vache à lait. Ils étaient si confians dans la foiblesse de ce général qu'ils assuraient la victoire, telle que fût l'impétuosité de l'attaque ou de la résistance des soldats autrichiens.

Lorsque le chef se sera emparé de la redoute, il faudra qu'il empêche ses soldats de massacrer les vaincus : cet usage est si barbare, qu'il doit être remplacé par la magnanimité qui est si naturelle aux Français.

### Prise d'un village.

Si la position qu'on doit prendre est un village, il faudra que le chef, après l'avoir fait reconnoître, et s'être assuré qu'il n'y a pas d'ennemis, envoie les éclaireurs se porter au-dessus pour pouvoir y arriver avec ses carabiniers et les gardes montantes, tandis que le reste de sa troupe restera en bataille, et l'arme au bras, en arrière du village.

Étant dans le village, le chef devra en examiner, avec une scrupuleuse attention, la situation, en parcourir toutes les avenues, remarquer celles par lesquelles l'ennemi pourrait arriver, enfin les raisons qu'il avoit pu avoir pour ne s'être pas établi dans cette position, si elle est avantageuse.

Après être entré dans tous ces détails, dont il doit tenir note, avoir placé ses postes de la manière qu'il a été dit à l'article deux du cinquième chapitre, il fera avancer sa troupe, et la disposera dans ses logemens, de manière à l'avoir de suite sous les armes, en cas d'attaque. Il maintiendra l'ordre et la discipline, afin que les habitans n'aient point à se plaindre de la troupe. Souvent les échecs que les avant-postes ont éprouvés étaient la conséquence du désordre qui existait dans les cantonnemens, par l'imprévoyance, et quelquefois, j'oserai le dire, par l'insouciance des chefs.

La troupe établie dans ses logemens, le chef fera venir dans le sien les bourguemestres, les uns après les autres. Le premier paysan venu, si on ne lui en avait pas indiqué qui fussent dans nos intérêts, il le questionnera sur la force de l'ennemi, sa position, son éloignement, s'il est retranché, sur les avenues du village qui conduisent plus directement à lui, et s'il y a long-temps qu'il n'est venu dans le village, s'il y vient, et à quelle heure. Tous ces renseignemens pris, il faudra qu'il s'assure, autant que possible, de leur vérité; qu'il parcoure toutes les avenues de son village pour s'assurer de nouveau que ses postes sont bien placés, se rendre les localités familières pour, en cas de retraite forcée ou d'attaque, diriger sûrement sa troupe et avec avantage. Ces renseignemens lui serviront encore beaucoup pour placer utilement ses carabiniers et son piquet.

Il tiendra note, dans un registre, du résumé de tous les renseignemens qu'il aura pu se procurer; il les fera passer au général sous les ordres duquel il se trouvera, ainsi que des ressources qui existeront dans le village, du caractère comme du nombre des habitans, qui ne devront plus sortir du village, une fois les postes établis (1).

Sur le journal d'un officier supérieur, on doit pouvoir établir une carte topographique.

### S'emparer d'un bois.

Un corps de troupe légère devant s'emparer d'un bois, le chef devra le faire précéder de cent cinquante toises environ par des éclaireurs qui entreront dans le bois pour le fouiller le plus avant possible, si c'est un grand bois, et tout entier, si ce n'est qu'un petit bois ; les carabiniers et les hommes de garde suivront à une certaine distance les éclaireurs pour prendre poste ; et, jusqu'à ce qu'ils soient établis, la troupe restera en bataille, l'arme au bras, en arrière de la lisière du bois.

Si c'est un grand bois, le chef fera faire des abattis pour protéger ses postes ; si c'est un petit

---

(1) Au village de Lantz, sur le bord du Rhin, en avant de Créveldt, le général Lecourbe ordonna de faire l'appel des paysans autant de fois que le commandant de ce cantonnement le jugerait convenable, et cela parce qu'il lui avait été rendu compte, ainsi qu'au général Mayer, qu'un paysan avait passé le Rhin à la nage, malgré le froid excessif qu'il faisait alors et la largeur du fleuve.

bois , il faudra qu'il les établisse à la lisière exté-
rieure; et sa cavalerie sur le flanc le plus pratica-
ble pour elle, et qui en même temps donnerait
de l'inquiétude pour une surprise.

Dans cette position, il se gardera en arrière
comme en avant, et il placera sa troupe en de-
dans de la lisière opposée à ses avant-postes, de
manière cependant que les feux ne soient pas vi-
sibles en dehors du bois.

S'il y a de la cavalerie, le gros devra être placé
dans la principale route du bois, et de manière,
en cas d'alerte, à ne pas y rester engagé. La nuit,
les postes de cavalerie doivent rentrer; ils seraient
non seulement inutiles, mais compromis. A la
pointe du jour, on les replacera.

Si, ce qui arrive souvent dans ces sortes de
positions, la troupe avait besoin de vivres, de
fourrages, par le retard des distributions, le chef,
qui ne doit jamais permettre que le soldat aille
marauder, donnera l'ordre à deux officiers au
moins de rassembler une quantié d'hommes par
compagnie, et d'aller, avec armes et bagages,
chercher dans le plus prochain village tout ce
qui leur serait nécessaire, en observant de ne faire
conduire au bivouac le pain, la viande, etc. par
des paysans, que dans le cas où le village serait
en arrière de sa position; mais comme il est plus
naturel de fourrager et s'approvisionner dans les
villages qui sont en avant de soi, il faut y aller

avec précaution; et si les officiers qu'on y aurait envoyés se trouvaient obligés d'avoir recours à des paysans pour le transport des vivres, il faudrait alors empêcher qu'ils ne retournent chez eux, afin qu'ils ne puissent pas rendre compte de notre position. ·

### Position le long d'une rivière.

Il faudra que le chef s'assure, en plaçant ses postes, de la largeur de la rivière: si elle est guéable, qu'il établisse des postes au gué.

Ces postes ne doivent pas être exposés au feu de l'ennemi, et si le terrain n'offre pas de retranchemens, ce sera le cas d'y établir un épaulement ou des redans, non seulement pour les postes, mais encore pour les sentinelles.·

La troupe devra barraquer au moins de trois cents toises de ses avant-postes, en prenant la précaution nécessaire pour qu'elle ne soit pas inquiétée du canon. S'il y avait un village voisin, on l'y ferait cantonner,

Les postes seront établis comme il est dit au §. 6 de l'art. 2 du chap. V.

S'il y a de la cavalerie, elle sera placée au flanc de la troupe qui sera le plus à découvert.

# TROISIÈME SECTION.

*Manière d'opérer la retraite des avant-postes,*
*qu'ils y soient forcés ou non.*

Pour faire une bonne retraite, il faut que le chef qui la commande ait beaucoup de sang-froid et de talens militaires; mais une fois qu'il possède ces deux excellentes qualités, elle est d'autant plus facile qu'elle a été prévue en prenant poste : ainsi, quand une troupe n'est pas surprise, il ne reste plus au chef que d'en diriger la marche d'après les mouvemens de l'ennemi.

Toutes les retraites doivent se faire par échelon, par peloton ou division, selon les circonstances. Dans l'un et l'autre cas, il doit y avoir deux distances de peloton ou de division de l'un à l'autre, et que la file gauche du peloton de droite se trouve à la hauteur de celle de droite du peloton de gauche; de manière que si la cavalerie faisait un mouvement pour charger, on puisse lui faire face de plusieurs côtés, sans courir les risques d'être entamé, à moins d'une force supérieure.

Il faudra que le chef ait attention d'avoir des flanqueurs de droite et de gauche, si la retraite se fait dans une plaine, afin de contenir les tirailleurs de la cavalerie ennemie, et même quelques petits pelotons qui voudraient tenter d'attaquer les flancs de la colonne ; ce qu'il faut bien empêcher, car ordinairement une troupe prise en flanc est battue.

Lorsque le chef aura décidé de se mettre en retraite, il faudra qu'avant de commencer son mouvement il envoie un ou deux pelotons en arrière de lui, soit pour s'emparer d'un pont, d'un bois, d'une croisée de chemin creux, etc., afin que l'ennemi ne nous coupe pas la retraite et encore aussi, en cas de désunion de péloton, pour arrêter les fuyards et les rassembler sur ce point, où l'officier qui y commanderait les garderait jusqu'à l'arrivée de la colonne.

Quand il n'y a qu'un corps qui se trouve à former une retraite, il ne faut pas que le chef fasse faire les feux de pelotons, mais seulement ceux de sections, sans cependant déranger l'ordre de l'échiquier qui a été établi pour les pelotons ou divisions.

Si une troupe en retraite est poursuivie par l'ennemi dans une gorge ou un passage étroit, il faudra faire faire le feu de chaussée et bien prendre garde qu'aussitôt le commandement de *chargez*, le soldat ne se retire en confusion, mais comme s'il était à une manœuvre d'instruction ; le chef doit encore faire attention que la tête de la colonne qui est en retraite n'aille pas trop vite, afin de ne pas laisser trop de distance entre

les

les pelotons de la queue et ceux de la tête, pour
ne pas décourager le soldat, qui est toujours con-
fiant en raison de l'assurance qu'il voit dans le
chef.

Dans ce cas, il faut, s'il est possible, que la colonne ne reste pas sans flanqueurs.

## QUATRIÈME SECTION.

*Manière de faire les grandes reconnoissances.*

QUOIQUE tous les mouvemens des avant-postes soient autant de reconnoissances, cependant
on distingue les reconnoissances faites par les
postes d'avec celles générales. Les premières,
qu'on nomme reconnoissances journalières, se font
ainsi qu'il est dit au §. 3 de l'*art.* 2 du cinquième
*chapitre*; les autres, et celles dont nous allons
parler, se nomment reconnoissances générales ou
grandes reconnoissances.

Quant aux reconnoissances générales, elles ont
toujours pour but de connoître la grande force
de l'ennemi, afin de pouvoir faire des mouvemens en conséquence, comme relatifs à ses positions; elles sont toujours commandées par un
adjudant commandant, mais toujours par un officier supérieur.

Les reconnoissances qui se font en plein jour
sont beaucoup plus faciles et moins périlleuses

D

que celles qui se font au petit jour, parce qu'une troupe qui marche la nuit dans un terrain inconnu, et sur lequel on ne peut, à l'aide de la carte, avoir aucun renseignement, peut tomber dans une embuscade comme dans un mauvais terrain. Cependant, avec des guides qu'on intimide par la crainte de la mort, dans le cas où ils conduiraient mal, avec de l'expérience et de l'intelligence on évite tous les dangers ; et, de jour comme de nuit, un chef adroit, intelligent et entreprenant, arrive à son but.

Pour accoutumer le soldat à une scrupuleuse exactitude, il faut exiger de lui qu'il prenne les mêmes précautions que celles qu'il prendrait la nuit, c'est-à-dire, le plus profond silence et beaucoup d'ordre dans la marche.

Les reconnoissances générales se font le plus ordinairement par de la cavalerie ; mais il faut toujours qu'elle soit suivie de près par l'infanterie, pour, au besoin, fouiller un bois, une gorge même, un village, pendant que la cavalerie le traverse au galop et le tourne avec quelques éclaireurs, et que, par intervalle, il y ait des postes d'infanterie pour protéger la retraite de la masse reconnoissante, si elle y était forcée.

Dans ces sortes de marches, il est quelquefois bon que chaque cavalier prenne un fantassin en croupe pour arriver plus tôt à l'ennemi, le surprendre et jeter, s'il est possible, l'épouvante parmi ses pelotons : alors c'est dans ces sortes d'instans qu'un chef intelligent aperçoit la force ou la foiblesse de l'ennemi, qu'il évite l'une, et au besoin profite de l'autre.

L'objet d'une reconnoissance étant, comme je l'ai déja dit, de s'assurer de la position comme de la force réelle de l'ennemi, il faut donc que celui qui la commande s'avance assez près pour forcer les petits postes à se reployer sur les grands ; et quand il sera parvenu à jeter l'alarme dans le camp ennemi, il fera mettre sa troupe en bataille, ou la cachera selon les circonstances ; il examinera avec attention tous les mouvemens que les grands postes pourraient faire, ainsi que les troupes qui les soutiennent : quand il sera bien assuré que sa mission sera remplie, il ordonnera la retraite, qui devra toujours se faire par échelons et doucement, afin de prouver à l'ennemi qu'on ne le craint pas et qu'on est soutenu.

Il est donc d'une absolue nécessité pour l'officier chargé de faire une reconnoissance, de ne jamais former sa retraite qu'il n'ait vu l'ennemi et qu'il ne l'ait forcé à faire les mouvemens dont on vient de parler plus haut.

Si on n'aperçoit qu'un peloton de cavalerie en avant d'un bois ou d'un village, et qu'il fît ferme pour attirer la troupe, il faudrait s'en méfier, parce qu'il pourrait avoir derrière lui une force considérable. Dans ce cas, on pourrait employer un peloton d'infanterie pour aller en tiraillant sur lui, le forcer à un mouvement quelconque qui, malgré lui, décèlerait sa force, comme s'il était soutenu par d'autres troupes : si l'officier qui commande n'a pas l'ordre d'attaquer, il faut qu'il se contente de faire prendre position à sa troupe pendant trois ou quatre heures, qu'ensuite il se mette en retraite et vienne s'arrêter à environ une lieue des premiers avant-postes pour y passer la nuit, soit au bivouac ou dans un village, afin de déjouer l'ennemi, s'il s'avisait de suivre de près la troupe reconnoissante ; car souvent c'est là l'instant qu'il choisit pour venir enlever des postes.

Les reconnoissances de nuit n'existent pas, comme le disent communément les soldats, mais bien des marches qu'on est obligé de faire pour aller prendre une position indiquée et y arriver avant le jour, afin de surprendre l'ennemi dans ses mouvemens, et de pouvoir juger sa force sans qu'il puisse s'en douter.

Ces sortes de marches doivent se faire dans le plus grand silence, dans le plus grand ordre, et avec les plus grandes précautions, de la part de celui qui commande, afin d'éviter les surprises qui, dans ces sortes de cas, peuvent entraîner, sinon une déroute, au moins du désordre et une retraite précipitée, dans laquelle on peut perdre beaucoup de monde sans espérer aucun avantage, et quelque fois compromettre l'armée ; mais alors que le chef se sera assuré un bon guide, et que, la carte à la main, il le suivra dans tous ses mouvemens, on devra espérer la réussite d'une reconnoissance faite avec toutes ces précautions.

Il est de règle générale en Allemagne que les corps ou les colonnes n'attaquent ou ne résistent qu'autant qu'elles en ont l'ordre : ainsi, dans une reconnoissance, la troupe qu'on serait venu pour reconnoître se reploierait sur son armée, si elle n'avait pas l'ordre de tenir : comme si elle avait l'ordre de tenir le poste ou de conserver la position qu'elle occuperait, elle ne les quitterait pas pour suivre l'ennemi dans sa retraite, tels que soient les avantages qui devraient en résulter.

# CHAPITRE VII.

*Exercice et manœuvres particulières à l'infanterie légère.*

~~~~~~~~~~

## ÉCOLE PARTICULIÈRE AUX SOLDATS DE TROUPES LÉGÈRES.

Nous avons dit qu'il était indispensable que les chasseurs fussent instruits, d'après ce qui est prescrit dans le réglement du premier août 1791 pour l'infanterie de ligne ; mais en même temps nous avons avancé , et nous espérons poser en principe et le prouver, qu'il est essentiel au bien du service qu'un soldat de troupe légère fasse une école particulière pour bien ajuster un coup de fusil sur un homme qui marche, un cavalier qui galope, un homme embusqué, etc: ce qu'un soldat de ligne n'a pas besoin de savoir ; car, comme il ne se bat ordinairement qu'en masse , et que les feux qu'il fait sont de rang ou de peloton, il n'a besoin pour cela que de savoir tirer bien horisontalement ; tandis que le chasseur, qui est presque toujours isolé, a besoin de savoir tirer, non seulement horisonta-

lement, mais encore de toutes les manières pos-
sibles : or c'est une étude toute particulière qu'il
faut qu'il fasse.

Les principes du tir sont simples ; mais encore faut-il les étudier et se les rendre bien fa-
miliers, afin de ne pas compromettre sa force,
et de ne pas dépenser trop de poudre.

D'abord, dans la troupe légère, il faut accoutumer le chasseur à bien connoître son arme, à
pouvoir se rendre compte si elle hausse ou baisse :
pour cet effet, il faut le faire tirer à la cible.

Il faut apprendre au chasseur que la courbe
que décrit la balle en sortant du fusil, a plus
d'étendue quand elle est chassée par de la poudre
fine que quand elle l'est par de la grosse, que
nous nommons communément poudre à canon.

Pour que la balle que le chasseur envoie porte
plus loin que quand il charge en quatre temps
ou à volonté, il faut qu'il ait l'attention de faire
couler la poudre, de la bien bourrer, ensuite de
faire couler la balle, qui ne doit être ni trop
grosse, ni trop petite, mais de calibre ; il faut
la bourrer serrée, et ne pas craindre, pour le
faire, d'éprouver une secousse à l'épaule, parce
qu'ordinairement le fusil ne repousse que quand
la charge de poudre est trop forte : voilà le moyen
de doubler la portée du coup, et de le rendre
utile en frappant l'objet sur lequel on le dirige.

Le chasseur peut d'autant plus facilement

prendre ce temps, que, dans toutes ses actions à l'ennemi, il doit mettre beaucoup de précaution, de sang-froid, et que sa position, alors qu'il avance, est toujours telle, qu'il n'a point à craindre d'être chargé par de la cavalerie, parce que jusqu'à ce que l'ennemi se soit décidé à faire ferme, les vedettes et les petits postes se reploient sur les grands postes, et ceux-ci sur l'armée.

Si des chasseurs sont forcés à la retraite, ils doivent de même charger leur arme lentement et avec les précautions indiquées ci-dessus ; ils ne devront pas se presser pour ajuster leur coup de fusil ; et ce sang-froid en imposera à l'ennemi, empêchera qu'il ne devienne entreprenant, parce qu'il croira les tirailleurs soutenus par une force considérable.

Il faut donc accoutumer le chasseur à charger son arme en marchant, mais d'après les principes qu'on vient de poser.

Voilà une partie principale de l'étude du chasseur, qui cependant a été méconnue par lui jusqu'à ce jour ; mais quand il en sera bien pénétré, il triplera sa force, en économisant la poudre et son arme.

L'expérience nous a démontré que sur cent mille coups de fusil tirés par les éclaireurs ou les corps d'infanterie légère en bataille, il n'y en a pas quelquefois cent qui aient porté. Qu'en résulte-t-il ? que l'ennemi, assuré qu'il n'a rien à craindre,

craindre, devient plus entreprenant, et il ne le serait sûrement pas si chaque coup atteignait son but : d'ailleurs, l'assurance des chasseurs le forcerait à croire qu'ils sont fortement soutenus.

Quand un soldat pourra rendre raison de l'effet de son arme, il aura déjà acquis un degré de force plus que celle ordinaire : que sera-ce quand on lui aura prouvé d'une manière convaincante que sa fermeté déconcertera l'ennemi, et que par elle il pourra tirer sur lui avec avantage? Alors, assuré dans tous ses mouvemens, il sera tel qu'on peut desirer qu'il soit (1).

Pour les feux de pelotons, qui, selon moi, ne doivent être faits par l'infanterie légère qu'en cas de retraite, ou si elle se trouvait forcée à faire un changement de front, ils doivent être horizontaux, comme dans la ligne ; mais les chasseurs ajustent, sans se presser, à hauteur de

_____

(1) Le soldat autrichien a bien la fermeté convenable pour bien faire les feux ; mais la poudre qu'il emploie est trop fine, par conséquent a plus de chasse, et son arme est trop pesante : de manière qu'en mettant *en joue,* si l'Homme est fort pour retenir l'arme dans sa direction horizontale, il fait un effort, et souvent l'arme part avant d'être descendue à l'*en-joue.* S'il n'est pas assez fort pour contenir son arme, elle tombe plus bas que l'*en-joue :* c'est ce qui fait que la majeure partie des balles des Autrichiens brisent les baïonnettes ou cassent les jambes des chasseurs, ou enfin labourent la terre devant eux.

E

ceinture d'homme, ou de poitrail de cheval pour
la cavalerie.

Quand ce sera sur un homme isolé, mais immo-
bile, qu'il soit à pied ou à cheval, il faudra, autant
que possible, que le chasseur appuie son arme sur
une haie, contre un arbre, et qu'après avoir di-
rigé son en-joue, il donne sur la détente un coup
de doigt ferme, à l'instant où l'objet sur lequel
il tire est masqué par le guidon de son fusil :
dans cet instant, il faut qu'il se ressouvienne si
son arme hausse ou baisse.

S'il est obligé de tirer sur un homme dont le
cheval galope, il faut qu'il ait l'attention de donner le coup de doigt un instant avant que de le
rencontrer au bout de son fusil, dans la direction du guidon, c'est-à-dire qu'il le prévienne
de cinq à six lignes.

Si un homme à cheval présente la face, c'est
au poitrail du cheval qu'il faut tirer ; si, au contraire, il présente le flanc, ce sera entre le principe de l'encolure et la cuisse de l'homme qu'il
faudra ajuster le cheval si on veut le frapper.

Dans les avant-postes, autant que possible, il
faudra avoir la précaution d'y faire mettre de
petites fourches de bois pour servir de point d'ap-
pui aux sentinelles, si elles étaient obligées de
faire feu : les redans ou épaulemens proposés à
établir à chaque avant-poste offrent cet avantage,
qui est rassurant pour le chasseur, et destructif
pour l'ennemi.

## MANOEUVRES.

En temps de paix, on a été toujours trop minutieux pour les manœuvres, et, en temps de guerre, pas assez exact pour leur exécution; cependant, il faut un juste milieu, et que dorénavant elles ne dépendent plus de la fantaisie d'un homme qui, pour se faire valoir, fera manœuvrer soir et matin les soldats, les fatiguera sans leur apprendre ce qu'ils doivent savoir. Il faut de l'exercice, j'en conviens; mais il faut qu'il soit relatif à l'arme dans laquelle on est. Il est révoltant de voir un chef de troupe légère laisser ignorer aux chasseurs la manière d'aller en tirailleurs et de rentrer en ordre dans leur peloton, tandis qu'il les fatiguera aux évolutions de ligne : ne sont-ce pas là des erreurs de métier qu'il faut détruire (1)?

_____

(1) En 1764 le régiment de Berry cavalerie manœuvrait mieux à pied que beaucoup de régimens d'infanterie, tandis qu'il ne savait pas manœuvrer à cheval. Le colonel n'avait-il pas manqué à l'éducation de son régiment, et fatigué les hommes inutilement ? En 1767, 1768 et partie de 1769, les régimens qui devaient aller au camp de Verbery furent exercés à des manœuvres qui n'existaient pas dans l'ordonnance, qui étaient l'essai d'un projet mal conçu; et, en arrivant au camp, ils n'exécutèrent que celles de l'ordonnance. Deux cents soldats au moins périrent; le reste fut très-fatigué, et personne n'était instruit conformément à l'ordonnance.

Les manœuvres de l'infanterie légère doivent être en raison de son isolement à la guerre, comme de son utilité pour éclairer la marche d'une division, d'une armée, la lui rendre facile et moins périlleuse : ainsi, de même qu'un corps de chasseurs éclaire une division ou une armée, alors qu'il est en avant, de même il se trouve obligé de prendre de semblables précautions pour sa sûreté et s'éclairer lui - même. C'est donc pour cela que je propose ce travail : car, jusqu'à présent, on n'a rien dit à ce sujet, parce que peut-être, aura-t-on dit, les mouvemens que font les chasseurs devant l'ennemi pour éclairer ses positions comme ses desseins, sont si variés, qu'ils doivent naturellement exister dans l'intelligence du chef qui les commande. Cela est vrai à de certains égards ; cependant il existe pour cette arme des principes généraux, et ce sont ceux-là dont je prétends parler dans ce travail.

D'abord il est important, avant que d'entrer en matière sur les manœuvres que je vais proposer, de déterminer sur combien de rangs la troupe légère doit se mettre en bataille. Quant à moi, j'estime qu'étant toujours isolée, que devant

---

Enfin, le soldat autrichien ne sait pas se rendre compte de l'effet de son arme ; et c'est ce qu'il faut que le Français soit en état de faire pour ajouter à l'avantage qu'il a déjà sur lui.

par conséquent faire une plus grande montre
d'hommes à l'ennemi, elle ne doit être placée
que sur deux rangs. Si cette vérité est reconnue,
comme les manœuvres de paix ne doivent qu'être
l'image de celles qu'on fait à la guerre, il faut
donc qu'en tout temps la troupe légère ne soit
placée en bataille que sur deux rangs.

On conviendra qu'à l'armée, lorsque des chasseurs sont en bataille derrière une haie, dans un
bois, dans un fossé, derrière une maison, le troisième rang devient inutile ; et si dans une plaine
un corps de chasseurs était poursuivi par de la
cavalerie ennemie, comme je les place toujours
en échelon, par peloton ou section : alors le
deuxième peloton de chaque division se porterait en colonne derrière le premier ; les divisions ainsi doublées formeraient le carré, et à
coup sûr aucun régiment de cavalerie n'oserait
jamais attaquer un corps dans cette position, surtout si les chasseurs ajustent bien en tirant.

J'ai dit, dans le commencement de ce travail,
que les chasseurs n'étaient pas dispensés d'apprendre l'exercice de 1791, aussi je n'en parlerai
pas ; je ne traiterai ici que des manœuvres qui
leur conviennent, comme marchant isolément,
lesquelles je diviserai en quatre sections.

*Première.* — Une troupe en bataille : faire sortir une ou plusieurs files, et les faire rentrer dans
le peloton.

E 3

*Deuxième.* — Faire marcher la troupe en avançant par échelon.

*Troisième.* — Former sa retraite pareillement par échelon.

*Quatrième.* — A la sortie d'un bois, rallier promptement les chasseurs dans l'ordre qu'ils étaient avant d'y entrer.

Voilà ce qu'il importe essentiellement d'apprendre aux chasseurs, ainsi qu'à ceux destinés à faire le service des avant-postes.

# PREMIERE SECTION.

*Une troupe en bataille ; faire sortir une ou plusieurs files, et les faire rentrer dans les pelotons.*

UNE demi-brigade d'infanterie légère étant en bataille, en plaine, en avant d'un village ou d'un bois, le chef voulant faire sortir une ou deux files de chaque peloton pour tirer en avant du front de sa ligne ou éclairer ses flancs, commandera :

1. Eclaireurs, en avant !
2. Marche !

Au premier commandement, si le chef n'a pas déterminé la quantité de files qui devront marcher en avant, il ne sortira que celle de droite de chaque peloton.

S'il était nécessaire que deux files ou davanfage sortissent, alors la dernière de gauche de chaque peloton sortirait en avant, et ainsi de suite, en faisant sortir les files impairs par la droite, et les pairs par la gauche.

On n'emploie cette méthode que pour qu'il y ait en éclaireurs autant d'anciens que de nouveaux chasseurs, afin que l'habitude et le sang-froid des anciens encourage les jeunes. Pour cet effet, à l'ennemi, les compagnies seront toujours formées par rang d'ancienneté ; il n'y aura que dans les exercices de paix ou les parades qu'elles seront formées par rang de taille, mais toujours les files étant numérotées.

Quand il ne sortira qu'une file par peloton, ce qui pour un bataillon ne fera que seize hommes, le premier sergent du premier peloton et le premier caporal du dernier peloton sortiront, et ainsi de suite, en commençant de droite à gauche, jusqu'à ce que tous les sergens et caporaux aient été en éclaireurs.

S'il sortait deux files d'un peloton, ce qui ferait quatre hommes par peloton, trente-deux par bataillon, ce serait, comme je l'ai dit plus haut, le premier sergent du premier peloton et le dernier du huitième peloton, comme le premier caporal du premier peloton et le dernier du huitième, qui marcheraient en avant avec les éclaireurs.

Le lieutenant du premier peloton marcherait

E 4

pour commander le détachement, et s'il était relevé, ce serait par le lieutenant du second peloton, et ainsi de suite jusqu'à la fin des lieutenans. Dans le cas où il faudrait deux officiers, on prendrait le premier sous-lieutenant pour marcher avec le premier lieutenant.

Quand, au lieu de deux files, il en marchera quatre, on suivra l'ordre établi ci-dessus : alors ce détachement sera commandé par le premier capitaine, le premier lieutenant et le premier sous-lieutenant, et ainsi de suite, en cas que ce détachement soit relevé. S'il doit l'être, ce sera toutes les heures qu'il faudra qu'il le soit, tant à cause des fusils qui s'échauffent et se salissent en tirant, que pour ne pas faire courir tous les dangers aux mêmes hommes.

Au deuxième commandement, s'il n'y a qu'une file qui marche, l'homme du premier rang marchera droit devant lui ; et celui du second, aussitôt qu'il aura dépassé l'homme du premier rang, fera un demi-à-gauche, et se portera au pas redoublé, en marchant devant lui, en face de la file gauche du peloton : alors qu'il y sera arrivé, il avancera l'épaule gauche pour marcher carrément sur l'alignement de son chef de file devenu éclaireur de droite.

Les éclaireurs ne pourront jamais être plus de cent toises en avant de leurs bataillons, et jamais moins de cinquante ou soixante toises.

Si deux files marchent en avant, la file de droite ainsi que celle de gauche marcheront devant elles vingt-cinq pas : alors l'homme du premier rang des files de droite et de gauche fera à droite, et l'homme du deuxième rang des files de droite et gauche fera à gauche, et tous les quatre marcheront dans cette position jusqu'au commandement qui leur sera fait pour marcher par le front égal à celui du peloton (1) : on fera les commandemens :

1. Les hommes du premier rang — *Par le flanc droit !*

Les hommes du deuxième rang — *Par le flanc gauche !*

2. MARCHE !

Ces quatre hommes marcheront ainsi en front de bandière, en observant de ne jamais être ni plus ni moins en avant qu'il est dit plus haut; il en sera de même pour un plus grand nombre de files, auxquelles on commanderait de sortir en avant (2).

---

(1) Cette manière d'établir la ligne d'éclaireurs est pour que les recrues soient intercallés avec des anciens chasseurs.

( 2 ) Par ce moyen, il y aura de la justice et point de confusion, et cela accoutumera les recrues à aller plus facilement au feu.

Souvent les pillards ou les poltrons, ce qui est synonyme, se présentent losrqu'on demande des éclaireurs,

Les carabiniers ne fourniront jamais d'éclaireurs ; ils marcheront toujours ensemble sur le point qu'on leur indiquera, et ils seront toujours commandés par leurs officiers.

Le chef, voulant faire rentrer ses éclaireurs, fera faire un roulement et donner deux coups de baguette, ou bien un signal avec un fanion à ce destiné.

Au roulement ou au premier signal, les hommes du second rang feront *demi-tour à droite*, et marcheront cinquante pas, après lesquels ils feront *halte* et *front*. Ils feront feu dans cette position, jusqu'à ce que les hommes du premier rang, restés en ligne pour protéger leur retraite, les aient dépassés de cinquante pas, et ainsi de suite, jusqu'à ce que chaque file ait repris sa place dans le peloton.

S'il n'y a qu'un sergent et un caporal pour commander les éclaireurs, ce sera le caporal

---

les chefs se trouvent embarrassés pour savoir quels officiers ils nommeront pour les commander, et souvent le brave officier de bonne volonté marche sans que pour cela ce soit son tour : par le moyen indiqué, chacun marchera à son rang ; et alors, avec l'ordre qui existera, on pourra compter sur les éclaireurs.

Combien de fois n'est-il pas arrivé que les hommes envoyés en éclaireurs, au lieu d'éclairer la colonne, pillaient, et que la troupe qui comptait sur eux pour être avertie était surprise : l'expérience doit nous mettre en garde sur les événemens futurs.

qui, après avoir entendu le roulement ou vu le signal, commandera :

Eclaireurs qui étiez du second rang,

Demi-tour à droite.

Au coup de baguette, il commandera :

Marche (1).

Aussitôt qu'il aura compté cinquante pas, il commandera :

1. Eclaireurs,
2. Halte.
3. Front.
4. Apprêtez — vos armes.
5. Joue.
6. Feu.
7. Chargez.

Au commandement de halte du caporal, le sergent commandera :

1. Eclaireurs,
2. Demi-tour à droite.
3. Marche.

Et ainsi de suite, jusqu'à leur rentrée dans le peloton, où le chef aura attention de faire préparer leurs places, afin qu'ils ne restent pas sur le front à attendre ; ce qui ferait un fort mauvais effet.

---

(1). Cette manœuvre se fera toujours au pas accéléré : ainsi le soldat en étant prévenu, il deviendra inutile de lui indiquer le pas qu'il devra marcher.

Si, au lieu de faire rentrer les éclaireurs, on jugeait à propos de les faire relever, alors le chef de peloton commandera, par les moyens indiqués à l'article premier, une quantité de files égales à celles qui sont en avant, c'est-à-dire en les faisant sortir par la droite et par la gauche du peloton : mais aussitôt que l'homme du second rang aura dépassé celui du premier rang, celui qui commandera ces nouveaux éclaireurs fera rejoindre les files de droite et de gauche au centre, en avant du peloton, en faisant faire *à gauche* à celle de droite, et *à droite* à celle de gauche : pour cet effet on commandera :

Deux files d'éclaireurs en avant !

2. Marche.

Alors le commandant des éclaireurs commandera :

A droite et à gauche.

2. Marche.

3. Front.

4. En avant, marche.

Les éclaireurs marcheront ainsi jusqu'à cent pas de ceux qui seront à faire feu ; et alors il commandera :

1. En tirailleurs.

2. Marche.

Au commandement de *marche*, chaque chasseur prendra ses dimensions pour aller se placer sur la ligne qu'occupent les anciens tirailleurs, en ayant soin de s'intercaller entre eux ; et aussitôt qu'ils y seront tous arrivés, le commandant commandera :

1. Halte.

2. Apprêtez — vos armes.

3. Feu.

Au commandement de halte, les premiers éclaireurs feront demi-tour à droite, et de suite leur commandant fera les commandemens :

En avant, marche.

Ils rentreront dans le peloton sans s'arrêter, et le chef du peloton leur fera les commandemens :

1. Halte.

2. Front.

3. Alignement.

Pendant tout le temps que les éclaireurs seront en avant à tirailler, la troupe restera l'arme au pied ou au bras, en bataille.

## DEUXIÈME SECTION.

*Faire marcher la troupe en avançant par échelon.*

Pour la marche en bataille, on suivra exactement tout ce qui est prescrit dans le réglement de 1791, article premier de la troisième leçon de l'école de peloton, relativement à la marche en bataille.

La marche en bataille n'est pas celle qui convient à un corps de troupe légère, parce qu'étant toujours foible, ce serait un moyen qu'il donnerait à l'ennemi pour le juger, et tirer avantage de la supériorité qu'il pourrait avoir sur lui. Cependant, comme il est quelquefois de nécessité que l'infanterie légère présente un front de bataille le plus étendu possible, à cause de son isolement et de sa foiblesse : alors qu'elle devra marcher en bataille, pour, avec peu, faire une grande montre d'hommes, le commandant fera marcher ses pelotons ou sections en échelons, la gauche du peloton de droite, distante de la droite du peloton de gauche d'une fois l'étendue d'un peloton, et du double si le chef le juge nécessaire : par ce moyen quatre cents hommes en paroîtront d'abord plus de mille.

Pour faire marcher une troupe en bataille par échelon, par peloton ou section, le chef commandera :

1. Première section,
2. En avant.
3. Marche.

La seconde se mettra en marche par les mêmes commandemens aussitôt que la première aura fait un nombre de pas égal à son front, pour pouvoir conserver la facilité de mettre le peloton à gauche en bataille; la troisième, et ainsi de suite jusqu'à la dernière, observera le même ordre et fera les mêmes commandemens.

On peut faire, si l'on veut, marcher un corps de troupe légère, en avançant, de deux manières : la première, comme il vient d'être dit, en échelon, par peloton ou section, et la deuxième, de la manière suivante.

La deuxième, en marchant par peloton en bataille ; les pelotons pairs en arrière des impairs, de deux distances de pelotons. Pour cet effet, le chef commandera :

1. Pour marcher en avant.
2. Pelotons impairs.
3. Marche.
4. Halte.
5. Prenez vos distances.
6. Colonne — en avant.
7. Marche.

Les premier et deuxième commandemens ne serviront que d'avertissement.

Au troisième commandement, les pelotons marcheront une quantité de pas égale à deux fois l'étendue de leur front.

Au quatrième, qui sera toujours fait par le chef du corps, les pelotons impairs s'arrêteront.

Au cinquième, les pelotons impairs partageront la distance qu'auront laissée entre eux les pelotons pairs, de manière à présenter un front de bataille plein, quoiqu'alors les files fussent ouvertes.

Le sixième commandement servira d'avertissement à toute la troupe, qui se mettra en marche au septième.

Un corps marchant dans cet ordre a l'avantage de ne pouvoir être compté et d'être facilement en état de défense, en cas d'attaque de l'ennemi : ce qu'il ne pourrait faire avec autant de succès , s'il marchait en bataille sur deux rangs et par les moyens indiqués dans le réglement de 1791.

## TROISIÈME SECTION.

*Former sa retraite pareillement par échelon.*

Pour former la retraite des éclaireurs, le chef étant trop distant d'eux et ne pouvant les commander, il emploiera des signaux dont il conviendra avec les officiers, mais qui se feront par le moyen d'un fanion à ce destiné, quoique la caisse se fasse plus tôt entendre: il est des positions dans lesquelles ce bruit pourrait être préjudiciable.

Jamais un chef forcé à la retraite ou voulant la faire ne commencera son mouvement que ses éclaireurs et flanqueurs ne soient rentrés dans les pelotons. S'il n'est pas suivi de l'ennemi, il se retirera tout simplement en colonne.

S'il est observé, il fera sa retraite par pelotons et en échelons, sans faire feu, et au pas de route, mais pas trop accéléré , pour marque de son assurance : mais s'il était poursuivi et qu'il

fût

fût en plaine, il ferait sa retraite en échelons par sections; et dans le cas où la cavalerie ennemie s'approcherait trop de lui, il ferait faire feu par une ou plusieurs sections, en raison de la force des pelotons ennemis. Si dans cette position il arrivait près d'un défilé, au lieu de faire les feux de pelotons, il faudrait que les pelotons impairs fissent feu de rang, et les pairs feu de pelotons, en mettant toujours beaucoup de précautions pour charger et mettre en joue: car c'est dans de pareilles circonstances qu'il faut bien ajuster pour ne pas perdre sa poudre et arrêter l'ennemi.

Si le défilé est une gorge, le dernier peloton ne fera feu qu'alors qu'il y sera entré ; et pour cet effet, le commandant du peloton qui le précédera laissera sa dernière section pour tirailler et protéger sa rentrée dans la colonne.

Alors si on craignait d'être tourné dans cette position, il faudrait faire les feux de chaussée en retraite et la continuer, mais avec beaucoup d'ordre et de sang-froid, jusqu'à ce qu'on ait pu prendre position ou trouver de nouvelles forces qui en imposeraient à l'ennemi.

Si l'on ne pouvait être tourné, le chef, qui devra connoître le terrain, sera ferme et se placera en conséquence pour le faire utilement.

Si le défilé se trouvait être à cause d'un pont, il faudrait que les premiers pelotons qui auraient passé allassent s'établir de l'autre côté pour faire

F

feu, et protéger le passage de la tête de la colonne devenue queue.

Les commandemens pour tous ces mouve-mens sont les mêmes que ceux prescrits dans l'école de peloton : comme ils diffèrent tous les uns des autres, c'est aux lumières et à l'instruc-tion du chef à employer ceux qui lui convien-dront le mieux.

## QUATRIÈME SECTION.

*A la sortie d'un bois, rallier promptement les chasseurs, et les rétablir dans l'ordre qu'ils avaient avant d'y entrer.*

Rien de plus difficile que de rallier une troupe débandée soit à cause d'une terreur panique, soit à cause d'une traversée de bois ; mais dans tous les cas il faut qu'il y ait un peloton de ralliement ; et comme les carabiniers restent toujours en peloton, ce sont eux qui doivent se porter sur le point qui leur sera ordonné, et qu'ils y attendent que les pelotons soient re-formés.

Dans les troupes légères, ou toute autre qui en ferait le service, lorsqu'il s'agira d'une retraite, les drapeaux seront conduits aux carabiniers.

Les officiers et sous-officiers se rendront avec

vivacité sur le point que leur peloton occupe dans le bataillon, et là ils attendront leurs soldats pour les rétablir dans leurs rangs.

Il doit en être de même quand une troupe est frappée d'une terreur panique. Vouloir arrêter ce premier mouvement d'épouvante, c'est, pour ainsi dire, la chose impossible ; mais comme tous les chefs doivent être à cheval, s'ils ne pouvaient assez promptement porter les grenadiers en arrière pour servir de peloton de ralliement, un d'entre eux prendrait un drapeau, et se porterait à deux cents toises ; et là il resterait ferme jusqu'à ce que les officiers et sous-officiers fussent venus reconnoître la place de leur peloton dans la ligne du bataillon, et y rassembler les chasseurs qui le composent ordinairement.

Les manœuvres de retraite sont très-savantes; mais elles sont très-simples, quand un chef a la connoissance exacte du terrain qu'il a à parcourir, et qu'il connoît la force de l'ennemi : elles lui font toujours honneur; mais s'il les manque; si le désordre se met dans les rangs et dans les pelotons, il est bien coupable.

Les retraites qui se font à travers les bois sont les plus difficiles, quand les avenues n'en sont pas bien percées. Elles servent quelquefois de prétexte aux poltrons, qui se font faire prisonniers, ou qui se cachent, et s'écartent de leurs pelotons. Aussi est-ce dans ces sortes d'instans qu'il faut que les officiers fassent pour ainsi dire un appel continuel de leurs soldats, et que le chef les surveille.

Lorsque des chasseurs ont été égarés dans un bois, que des pelotons, pour se soustraire à la cavalerie ou à une trop nombreuse infanterie, ont été forcés de se jeter dans les forts du bois, on conviendra qu'il faut des précautions et de l'activité dans les officiers, comme dans le chef, pour ne pas perdre des hommes, ou le moins possible : voici donc ce qu'il faut faire en pareil cas. Si l'ennemi n'est pas très-près, il faut abattre de suite des arbres et les croiser dans les chemins de manière à arrêter, au moins pour un instant, la marche de la cavalerie. Les carabiniers se porteront, avec les drapeaux, le plus légèrement possible au-delà du bois; ils emmèneront avec eux une partie des sapeurs pour faire des abattis plus considérables à l'extrémité des avenues, afin, lorsque la troupe sera sortie du bois, que la cavalerie soit encore arrêtée à cet endroit, et qu'elle puisse avoir le temps de prendre les devants, afin de chercher une position dans laquelle elle puisse tenir.

Les carabiniers resteront, comme je l'ai dit, en bataille, faisant face au bois; ils empêcheront les chasseurs qui en sortiront d'aller plus loin. S'il n'y avait pas d'officiers, ni de sous-officiers de sortis du bois, le chef et les officiers de carabiniers placeraient les chasseurs selon que les cir-

constances l'exigeraient, c'est-à-dire en pelotons,
s'il y avait nécessité qu'ils fissent feu de suite : ou
bien ils les établiraient de manière à reformer les
compagnies, parce que chaque soldat arrivant
reconnoît son camarade, s'il n'a reconnu son
officier.

FIN.

# TABLE

Des Chapitres et Sections contenus dans cet Ouvrage.

# T A B L E.

Fin de la Table.

www.ingramcontent.com/pod-product-compliance
Lightning Source LLC
Chambersburg PA
CBHW071238200326
41521CB00009B/1526